Faire un jardin de plantes vivaces

WC Égan

Writat

Cette édition parue en 2023

ISBN : 9789359257822

Publié par
Writat
email : info@writat.com

Contenu

INTRODUCTION

Le jardin réussi a une base permanente. Il doit y avoir des fleurs qui apparaissent année après année, dont la position est fixe et dont on peut compter sur l'apparence. Le groupe classé comme plantes vivaces occupe cette position et parmi les fleurs de cette classe sont disposées toutes les diverses gammes de plantes annuelles et de bulbes. Ces derniers viennent renforcer l'aménagement du jardin.

Les plantes vivaces sont des plantes qui vivent année après année si les conditions qui les entourent sont agréables.

Les arbres et arbustes sont bien sûr des plantes vivaces ; chez ceux-ci, les tiges sont ligneuses, mais nous ne considérons que celles dites herbacées vivaces, ayant des tiges de texture plus ou moins molle qui, à l'exception de quelques espèces à feuilles persistantes, meurent chaque automne, de nouvelles apparaissant au printemps suivant.

Un bon nombre d'entre elles sont trop tendres pour être généralement cultivées comme plantes vivaces robustes, mais celles qui fleurissent librement la première année, comme le muflier, sont traitées comme des annuelles et sont jetées à la fin de la saison.

Certaines bisannuelles, celles qui ne fleurissent pas avant la deuxième année et meurent ensuite, peuvent être placées parmi les plantes vivaces et considérées comme faisant partie de leur classe, car elles sèment si librement à la base de la plante mère et fleurissent l'année suivante, que leur présence à la frontière est presque toujours assuré. La seule chose à faire est de transplanter celles qui ne se trouvent pas dans la situation dans laquelle vous désirez qu'elles fleurissent. *Rudbeckia triloba* , une du type Susan à yeux noirs , est non seulement un bon exemple de cette classe, mais une plante charmante que tous devraient pousse et, de plus, il est très accommodant, se portant à merveille dans les endroits semi-ombragés, comme au nord des bâtiments ou sous des arbres pleureurs comme le cerisier pleureur du Japon à fleurs roses. Il est à l'aise en plein soleil où il formera une plante touffue largement arrondie d'environ trois pieds de diamètre et, en pleine floraison, avec sa myriade de fleurs aux yeux noirs, il peut dissiper le pire cas de mélancolie qu'un dyspeptique ait jamais connu. . Il lui faut un bon sol ouvert, plutôt léger pour se rendre justice. S'il est soulevé en pleine floraison, mis dans un pot de dix pouces, bien trempé au niveau des racines, et mis de côté pendant quelques heures à l'abri du soleil et du vent, il durera deux semaines comme plante de porche ou d'intérieur.

On entend beaucoup parler des jardins de nos grands-mères, des jardins vivaces, dans lesquels les plantes ont survécu aux dalles de la porte de la maison.

À quelques exceptions près, les plantes vivaces ne durent pas longtemps. L'usine à gaz, les pivoines, certains iris, les hémérocalles et quelques autres semblent permanents.

Le parcours habituel doit être repris tous les deux ou trois ans environ et divisé. Il y a deux raisons à cela. En premier lieu, les racines ont épuisé toute la nourriture à leur portée et, encore une fois, la couronne principale, d'où jaillissent les pousses fleuries, meurt d'épuisement. Au bord extérieur de cette décomposition se trouve généralement une frange de « matière vivante » qui, si elle est récupérée, séparée du centre pourri, divisée et remise dans un bon sol, se rajeunira et formera bientôt une nouvelle plante.

Dans les zones défavorables, la gaillarde du Texas perd sa couronne pendant l'hiver, et le novice anxieux guette avec impatience sa réapparition au printemps, et finit par la déterrer pour découvrir que pendant que la couronne est pourrie, les racines sont vivantes, et ici et là, sur ceux-ci se forment de nouveaux bourgeons végétaux qui, s'ils ne sont pas dérangés, donneront bientôt de bonnes plantes, mais probablement pas placées exactement là où elles le souhaitent. Les pépiniéristes profitent souvent de cette particularité et augmentent leur cheptel en reprenant une plante, en coupant les racines en petites sections et en les cultivant séparément.

L'iris allemand est l'une des plus belles formes du monde floral et il s'épanouira dans pratiquement tous les sols moyennement bons.

Nous devons nous rappeler que les neuf dixièmes des plantes que nous cultivons sont exotiques – originaires de régions et de climats lointains – provenant de diverses conditions atmosphériques et de toutes sortes de sols. Nous les apportons dans notre jardin et les cultivons tous sous la même influence climatique et dans le seul type de sol que nous possédons. Nous ne pouvons certainement pas espérer un succès uniforme pour tous. Autant amener dans une même pièce des indigènes illettrés de climats lointains et espérer qu'ils entrent tous dans une conversation générale. Même dans des jardins assez proches les uns des autres, leur permanence varie. Je ne parviens pas à faire pousser avec succès aucun des boltonias , alors qu'à moins d'un quart de mile de moi, dans le jardin d'un ami, ils poussent comme de la mauvaise herbe. Notre sol est le même, et on pourrait supposer que les conditions climatiques l'étaient, mais le fait demeure. Je mentionne simplement cela afin que tout novice constatant qu'il ne peut pas cultiver certaines plantes aussi bien que d'autres à proximité de lui ne se sente pas seul dans son chagrin. C'est cependant un bon plan, lorsqu'une plante soi-disant facile à cultiver ne parvient pas à se matérialiser, de l'essayer dans une autre partie de votre propre jardin, et si elle ne pousse pas bien là-bas, jetez-la et oubliez-la - le monde est plein. de bonnes choses.

En raison de la récurrence annuelle de la plante vivace, les orientations culturelles sont différentes de celles des fleurs qui ne fleurissent que pendant une saison. Il existe des principes fondamentaux essentiels que tout jardinier devrait connaître et des raccourcis vers le succès que tout le monde peut connaître. Puisque les plantes vivaces constituent donc le noyau même du jardin, ce sont des éléments de première importance dans la culture des fleurs et seront ici suffisamment développées pour donner au lecteur une impulsion qui le mènera d'un bond dans le cercle intérieur des mystères du jardin. .

PRÉPARATION DES LITS

Voulons-nous un parterre de fleurs réussi – que nos voisins envieront – ou un parterre dans lequel les plantes ont du mal à exister ? Si nous voulons le premier – et qui ne le veut pas ? – nous devons donner à nos plantes de bons pâturages. Ils aiment autant que nous la graisse de la terre, et comme ils réjouissent nos cœurs par leurs fleurs radieuses, nous devons les traiter équitablement. Et comment? En leur donnant un bon sol profond pour leurs racines, non seulement riche en nourriture, mais meuble et friable.

La plupart des sols vierges contiennent suffisamment de nourriture végétale, mais la partie la plus profonde manque du résultat de l'action de l'air, du soleil et du gel, ainsi que de l'humus naturel des feuilles et des herbes pourries. La nourriture végétale qu'elle contient est « crue », c'est-à-dire qu'elle n'est pas prête à être assimilée par les plantes. Par conséquent, les plates-bandes destinées à contenir vos plantes vivaces doivent être creusées à au moins deux pieds de profondeur - trois c'est mieux - et une bonne terre de jardin, ou de la terre provenant d'un champ de maïs ou de toute culture binée où les mauvaises herbes ont été réduites, utilisée pour compléter tout sauf la couche supérieure d'un pied de profondeur. Tout cela s'applique également aux trous d'arbres et d'arbustes. Cette couche supérieure d'un pied de profondeur est susceptible d'être en bon état pour une utilisation immédiate et peut être appliquée au fond du lit, mélangée avec du fumier frais ou pourri. La terre apportée peut être mélangée avec du vieux fumier et déposée dessus.

Un mot sur le « vieux fumier » est ici opportun. Tout fumier entassé depuis un an ou plus dans un coin infesté de mauvaises herbes et utilisé sur votre terrain, notamment sur votre pelouse, est le meilleur promoteur d'exercice que je connaisse et peut vous occuper tout l'été à déloger les mauvaises herbes qui jaillit de la graine son sein protégé.

Bien sûr, dans quelques sections où le sol a trois pieds de profondeur - comme c'est le cas, me dit-on, dans la ceinture de maïs de l'Illinois - il suffit d'ameublir le sol jusqu'à la profondeur mentionnée et d'ajouter du vieux fumier. Si l'enlèvement et l'apport de tant de terre nouvelle sont trop pénibles pour le portefeuille, nous devons procéder d'une manière plus économique. Si le sol est de texture argileuse, mélangez-y des cendres de charbon tamisées ou du sable, et la partie la plus grossière des cendres peut être incorporée à la terre au pied inférieur du lit. Retirez la couche supérieure d'un pied et mettez-la de côté ; jetez la terre du fond à la profondeur restante. Brisez-le finement et, en le remplaçant, outre les cendres de charbon ou le sable, ajoutez du fumier frais et fort, en le plaçant en couches horizontales, disons trois pouces de terre, puis une couche de fumier de quatre pouces d'épaisseur, une fois doucement tassée ; ou faites les couches en biais, disons à un angle d'environ quarante-cinq degrés. Cela ajoutera de l'humus au sol et permettra à l'air et à l'humidité d'y pénétrer. Ensuite, appliquez la couche supérieure d'origine en la mélangeant avec du vieux fumier. Aucun fumier frais ne doit toucher la racine d'une plante. Le fumier frais au fond du lit sera bien pourri au moment où les racines l'atteindront. Une fois la couche supérieure appliquée, vous trouverez le lit surélevé de six à huit pouces au-dessus de la pelouse, ce qui est très bien ; cela se réglera suffisamment avec le temps. Brisez toujours le sol en fines particules, sinon un morceau d'argile restera un morceau et n'aura que peu de valeur pour les plantes.

En faisant des massifs ou des trouées d'arbustes à proximité des bâtiments comportant une cave, il faut généralement enlever entièrement toute la terre, car celle présente est généralement constituée de la terre plus profonde provenant de l'excavation de la cave, mélangée à des briques et du mortier - peu de fleurs s'enracinent bien dans la brique.

Placez vos parterres de fleurs le long des allées, à la maison ou le long des limites du terrain, mais n'encombrez pas le centre de votre pelouse avec eux. Une parcelle d'herbe ouverte ajoute de la taille et de la dignité à n'importe quel endroit. Donnez autant de soleil que possible. Seules les fleurs du début du printemps, comme les hépatiques et les trilles, poussent dans ce que nous appelons l'ombre, bien qu'au moment de leur croissance et de leur floraison, elles reçoivent la lumière du soleil à travers les branches des arbres sans feuilles. Ne faites pas de lit là où le drainage est mauvais ou là où l'eau stagnera pendant l'hiver. Le drainage des carreaux améliorera le lit dans presque toutes les circonstances.

Tenir à l'écart des grands arbres. Un orme vigoureux et une plante vivace ne peuvent pas manger et boire dans le même plat et tous deux grossissent. La plante vivace sera celle qui souffrira principalement du manque d'humidité. Si vous avez planté près d'un arbre ou que le manque de place vous y oblige, prenez une bêche bien aiguisée et, chaque printemps, coupez profondément tout le long du bord du parterre le plus proche de l'arbre, et arrachez du massif toutes les petites racines. vous pouvez le faire sans déranger les plantes. Cela l'aidera pendant un certain temps, mais l'orme envahira à nouveau le massif et l'opération devra être répétée. Cela s'applique aux plates-bandes situées à moins de huit ou dix pieds d'un arbre. Pour tout lit beaucoup plus proche, la coupe serait susceptible de blesser l'arbre et la croissance dans le lit serait mauvaise.

Lorsque le terrain est grand et qu'il y a suffisamment d'espace pour de grands massifs aux bordures, avec une pelouse ouverte devant, des arbustes à fleurs peuvent être utilisés comme arrière-plan pour les plantes vivaces, mais la croissance des arbustes nécessite l'enlèvement fréquent des plantes vivaces plus en avant. et un renouvellement fréquent de la nourriture végétale que l'arbuste partage. Cette méthode nécessite plus d'arrosage en raison du double travail demandé au sol.

Évitez les formes fantaisistes ou géométriques. Ils appartiennent, lorsque cela est autorisé, aux jardins à la française où sont utilisées des plantes à massif tendres. Le long des allées, des lits rectangulaires peuvent être aménagés, mais contre des bâtiments ou des lignes de démarcation, alors que la ligne arrière peut être relativement droite, l'avant doit être ondulé, avec de longues baies et promontoires. Aucune courbe courte ne devrait exister. Ils interfèrent avec la tondeuse à gazon. Lorsqu'il est désirable de faire face à la frontière avec une promenade, alors, bien entendu, la ligne de devant du lit doit être droite.

Un fond de vignes ou d'arbustes à fleurs mérite d'être recherché, notamment pour mettre en valeur des fleurs blanches comme une douce roquette.

Certaines plantes vivaces doivent être plantées à deux pieds de distance, et dans d'autres, comme les pivoines, trois pieds sont suffisamment proches, car avec le temps, leurs sommets se rejoignent. Dix-huit pouces de distance suffisent pour permettre la majorité et certains plus minces ne nécessitent qu'un pied. Tout cela doit être pris en compte lors de la détermination de la largeur du lit.

Partant de la proposition selon laquelle une plante moyenne a besoin de dix-huit pouces d'espace libre, et que la première rangée peut être plantée de six pouces à l'intérieur du lit à l'avant - neuf à douze, c'est mieux - et la seconde en arrière de dix-huit pouces et six de l'arrière, nous constatons qu'avec des rangées de deux plants de profondeur, il faut un lit de deux pieds et demi de largeur. Cela devrait être l'allocation la plus étroite que vous devriez accorder. Dans un lit de quatre pieds, vous pouvez en placer trois en profondeur, et un lit de cinq pieds et demi prend quatre plantes. En d'autres termes, vous augmentez votre largeur par sauts de dix-huit pouces à la fois. Bien que cela ne soit pas réellement nécessaire, c'est la meilleure solution et ne s'applique qu'aux points les plus larges et les plus étroits. Les lignes courbes intermédiaires varient de cette mesure mais cela ne fait aucune différence, car vous ne plantez pas en rangées droites de l'arrière vers l'avant comme on le ferait pour les choux .

Lors de la plantation aux limites ou près des bâtiments, les plus hauts doivent être utilisés à l'arrière, mais les semi-hauts (disons trois pieds de hauteur) doivent de temps en temps être amenés bien vers l'avant afin d'éviter toute raideur et d'ajouter une irrégularité à l'ensemble. l'effet général. Si une maison ou une clôture se trouve à l'arrière, des vignes à fleurs comme la *Clematis paniculata* ou *C. flammula* , ou toute vigne à fleurs annuelles, peuvent être utilisées ici et là. Dans les plates-bandes détachées et visibles de tous les côtés, les plantes les plus hautes sont placées au milieu.

L'effet est bien meilleur si vous plantez en groupes de quatre, six ou plus d'une même espèce. Il atténue l'effet des boutons. Plantez de manière irrégulière afin d'éviter les raideurs ou les grumeaux, et laissez un groupe courir derrière l'autre. Si vous plantez de grands groupes en forme de poire avec l'extrémité étroite de la tige légèrement courbée et laissez la plus grande extrémité du groupe adjacent en forme de poire courir jusqu'à la tige étroite de son voisin, vous produirez l'effet que je suggère. Les plantes que vous achetez, étant petites, si elles sont plantées comme suggéré, n'occuperont pas tout le terrain la première année. Ces espaces peuvent être recouverts de plantes annuelles pendant environ un an, ou plantés de glaïeuls, de lys ou de *jacinthes candicans* .

Je ne tenterai pas de discuter des combats et des conflits de couleurs parfois observés dans les plantations. La chef de maison reconnue – celle qui est probablement celle qui désire la bordure fleurie – est généralement une autorité en matière de combinaisons de couleurs agréables.

Un tuteurage sécurisé des plantes à croissance élevée est nécessaire si l'on désire de la propreté et de l'efficacité dans le jardin. Nous prenons soin d'une plante douze mois par an pour le bénéfice que nous tirons de sa courte saison de floraison, et lui permettre alors de s'étendre sur le sol au cours des tempêtes passagères semble cruel. Des manches à balais et des tiges de frêne, d'un demi-pouce de diamètre, utilisés par les vanniers, peuvent être obtenus auprès des marchands de matériaux à balais. Les cannes de bambou sont utiles, ainsi que les tuteurs peints vendus par les semenciers. Les piquets doivent être enfoncés profondément dans le sol. Souvent, par temps sec, lorsque le sol est dur, ils ne sont pas poussés assez loin et la première forte pluie ramollit le sol autour d'eux et, s'il y a un vent fort, la plante peut basculer et emporter le tuteur avec elle. En les attachant, ne les serrez pas dans vos bras comme vous le feriez pour un frère perdu depuis longtemps ; donnez-leur une certaine liberté naturelle. En grands groupes, placez les piquets autour d'eux, à trois ou quatre pieds de distance, et enfilez des piquets en piquets, en faisant passer des cordes croisées à travers les plantes ou entre elles. Une seule grande usine nécessite généralement au moins trois piquets. Faites-le avant qu'ils ne soient détruits par les tempêtes, car une fois brisés, il est difficile de faire du bon travail, surtout s'ils sont laissés de côté pendant un certain temps. Ensuite, les extrémités en croissance se tournent vers la lumière et durcissent dans cet état plié.

Si vous cultivez vous-même les plantes vivaces, il est préférable de les cultiver un an dans un lit de réserve, par exemple dans le potager, car très peu fleuriront la première année à partir de graines. Les plantes achetées devraient fleurir la première année, car elles sont censées être des plants d'un an ou des divisions de vieilles plantes. Ceux-ci pourront être disposés en première position à l'arrivée. Les semis dans le lit de réserve peuvent être plantés en rangées, chaque rangée étant espacée d'un pied et les plantes espacées de six pouces dans les rangées ; ainsi plantés, ils n'occupent que peu de place et, au début de l'automne ou au printemps prochain, ils peuvent être déplacés vers leurs quartiers permanents.

Lors du repiquage, veillez à exposer les racines le moins possible au soleil ou aux vents desséchants. Lorsque les plantes arrivent avec le feuillage commencé qui semble flétri, saupoudrez-les au-dessus et placez-les dans une position ombragée et abritée pendant un moment, disons une heure. Cela les ravivera généralement suffisamment pour continuer votre plantation. Si vous avez des raisons de supposer que les plantes ont gelé pendant le transport, placez la boîte dans une cave fraîche pendant la nuit . Une décongélation progressive peut les rajeunir, tandis qu'une décongélation soudaine est dangereuse.

Lors de la plantation, il est souvent utile à un amateur de prendre quelques tuteurs et d'en placer un à chaque point où il souhaite planter une plante. Si vous posez six piquets ou plus, plantez six plantes ou plus, en soulevant les piquets au fur et à mesure que vous en installez davantage. Faites des trous dans le lit suffisamment larges pour permettre aux racines d'entrer sans encombrement, et après avoir rempli le sol, appuyez fermement autour du

cou de la plante et sur les racines, et arrosez bien lorsque tout le lit est planté.
.

Lorsque le temps sec et chaud arrive et que vous jugez nécessaire un arrosage artificiel, faites bien tremper le lit et laissez-le tranquille pendant un certain temps, même si, le soir, après une journée chaude et ensoleillée accompagnée d'un vent fort et desséchant, si le feuillage semble légèrement fanée, une douche au-dessus de la tête est bénéfique. Le lendemain d'un bon trempage, il est bon de passer légèrement sur le lit avec une houe ou un râteau et de remuer le sol, en brisant la croûte produite par l'arrosage. Cela forme un paillis qui conservera l'humidité et protégera les racines du soleil brûlant. De légers arrosages fréquents maintiennent l'humidité au sommet et les racines ont alors tendance à pousser vers le haut pour la rencontrer. Si vous négligez ensuite d'arroser, le sol s'assèche rapidement et les racines en souffrent.

PAILLAGE D'HIVER

A l'approche de l'hiver, si vous désirez de la propreté, coupez les cimes (sauf les plantes à feuillage persistant) même si le gel n'a pas déjà fait ce travail pour vous, et recouvrez le massif de fumier bien décomposé, mais il vaut vraiment mieux laisser les cimes doivent rester tout l'hiver, surtout dans le cas de plantes à tige creuse. Le fumier bien décomposé ne nécessite que peu de fouilles au printemps, ne nécessitant que l'enlèvement des matières étrangères et des paillettes de paille qu'il peut contenir. Ce qui reste est généralement la couleur du sol, donc imperceptible et fait office de paillis durant l'été. On peut utiliser du fumier frais ; en fait, c'est mieux, car les plantes bénéficient des lessivages , qui sont plutôt bien dépensés en vieux fumier. Cependant, dans les grands terrains, l'enlèvement de cet engrais au printemps demande un travail considérable, car il faut l'enlever par souci de propreté. Bien que ce fumier ait la plus grande partie de sa force lessivée, il vaut la peine d'être conservé pour l'humus qui s'y trouve encore, et il peut être creusé dans le potager, ou placé en un gros tas plat d'environ deux pieds de haut tout en étant encore lâche. propagé. Des melons, des courges, des citrouilles ou des vignes tentaculaires similaires peuvent y être cultivées. Pour chaque plante, déposez environ une demi-brouette de bonne terre sur le dessus, nivelez-la et semez-y, ou disposez les plantes, si les semis sont démarrés ailleurs. Les racines de ces plantes aiment la circulation libre que permet le fumier ouvert. Par temps extrêmement sec, les courges ou les citrouilles en croissance doivent être bien arrosées. À l'automne, ce fumier est devenu de texture fine et constitue un magnifique paillis d'hiver pour perce-neige, crocus, etc.

Ne soyez pas pressé d'enlever la couverture d'hiver dès l'apparition des premiers jours chauds du printemps. Les dégâts sont plus importants au début du printemps que par temps froid. Ce sont les alternances de gel et de dégel qui causent le plus de dégâts, ainsi que les eaux de surface recouvrant les couronnes des plantes, que le sol gelé en dessous ne laisse pas descendre. J'ai vu des racines de plantes à racines superficielles, *Lobelia cardinalis* par exemple, pousser dans un sol argileux, couchées à la surface du sol au printemps, arrachées par l'expansion du sol. Une partie du revêtement peut être retirée assez tôt, mais il doit en rester suffisamment pour ombrager le sol.

PAILLAGE D'ÉTÉ

Les plantes à racines peu profondes comme la fleur cardinale (*Lobelia cardinalis*) et les grands phlox rustiques à floraison automnale n'aiment pas le soleil brûlant qui frappe leurs racines. Étant des racines superficielles et en même temps friandes d'humidité, elles souffrent lorsque le sol superficiel est asséché. Ils devraient avoir un paillis d'été pour intercepter le rayonnement de l'humidité du sol.

Le fumier que j'ai mentionné comme étant excellent pour couvrir les bulbes, est splendide à cet effet et comme il est de la même couleur que le sol, sa présence est à peine perceptible ; en plus ça ajoute de l'humus. Presque tous les matériaux ouverts peuvent être utilisés, sans heurter nos idées de propreté en apparence. L'herbe coupée de la tondeuse à gazon peut être utilisée.

Certaines plantes tardent à apparaître en surface au printemps, *les Platycodons* par exemple, et ils risquent d'être déterrés par des amateurs impatients qui ont soit oublié leur présence, soit s'imaginent qu'ils étaient morts et le terrain vide. Il convient donc de placer à l'automne quelques tuteurs de canne à sucre à chaque plant ou en rangée autour d'un groupe de cette classe pour signaler leur présence. Je place également des tuteurs sur chaque lis car ils occupent généralement des espaces ouverts entre les plantes vivaces, et je souhaite rarement les déranger s'il devient nécessaire de retirer l'une des plantes vivaces.

À quelques exceptions près – les pivoines et les usines à gaz, par exemple – les plantes vivaces doivent être divisées et replantées tous les deux ou trois ans, ce qui doit être fait au début de l'automne ou au début du printemps, mais jamais lorsque le sol est très humide, car lors des manipulations ultérieures du sol pour reconstituer ses réserves alimentaires, il doit être suffisamment sec pour se briser en fines particules. L'anémone du Japon ne doit être replantée qu'au printemps. Il est en fleur et en vie active à l'automne. La meilleure façon de procéder est de travailler une section à la fois, disons une bande de dix pieds. Coupez le feuillage, prenez les plantes et mettez-les de côté, recouvertes de toile de jute ou d'un autre matériau pour protéger leurs racines du soleil et du vent. Ensuite, creusez profondément le lit et ajoutez un peu de fumier bien décomposé, ratissez doucement et replantez. Bien qu'il soit probablement préférable de ne pas remettre les mêmes plantes dans la même position occupée auparavant, cela peut être fait, car si le sol a été bien travaillé, il est probable qu'elles aient changé de position. Ensuite, prenez une autre section et faites de même. Entre- temps, toutes les grosses racines sont divisées. Certains peuvent être démontés, mais le plus souvent ils doivent être coupés avec une bêche bien aiguisée ou un couteau de boucher. Jetez toute trace de pourriture et utilisez uniquement le bord extérieur sain, possédant des racines bien développées. Ils montrent généralement les bourgeons de la tige pour la croissance de l'année suivante. Trois à cinq de ces bourgeons constitueront une bonne plante. Parfois, dans le cas, peut-être, d'un pied d'alouette précieux mais pas trop robuste, vous trouvez une partie de la racine d'origine pourrie, mais si quelques bonnes racines y sont attachées, saupoudrez de soufre en poudre sur la partie pourrie - cela vérifie souvent pourriture - et vous pourrez éventuellement restaurer votre animal en bonne santé.

Les pivoines ont les avantages de peu d'ennemis, d'une vie longue et vigoureuse, d'une beauté et, dans la plupart des variétés, d'un parfum délicieux.

Si vous voulez une récréation délicieuse et beaucoup de plaisir, et que vous aimeriez posséder une plante produisant une fleur entièrement nouvelle en couleur ou en forme, et, certainement à votre avis, plus belle que toutes celles que vos voisins rivaux ont jamais vues, faites un lit de réserve dans quelque endroit ensoleillé et cultivez des delphiniums hybrides. En fait , quiconque possède une bonne collection de plantes vivaces devrait pouvoir puiser dans une plantation de réserve afin de combler les vides qui se trouveront dans le lit principal après un hiver rigoureux. Il est particulièrement utile pour maintenir un stock de cette plante vivace charmante mais de courte durée, l'ancolie (*Aquilegia*), sur laquelle on peut rarement compter après la deuxième année. Je parle des formes les plus fines.

Ces delphiniums hybrides, ou pied d'alouette des jardins, possèdent le sang de deux espèces ou plus et sont par conséquent enclins au « sport », produisant des fleurs de formes et de couleurs variées, entièrement différentes de celles de leurs parents. Le mot « sport » tel qu'utilisé par les jardiniers s'applique à toute plante qui présente un contraste marqué dans le feuillage, la fleur, la forme ou le mode de croissance, par rapport au type ou à l'aspect normal de l'espèce d'origine. La célèbre lueur dorée en est un bon exemple, étant une forme double de la *Rudbeckia laciniata à fleur unique* , un grand membre de la famille des Susan aux yeux noirs, et connue comme l'une des échinacées. Le capitule du type est composé de deux parties : la rangée extérieure de « fleurons ligulés » jaunes, qui ne fait pas partie de la fleur proprement dite, sauf qu'elle pourrait être comparée à la frange qui borde un rideau, et le capitule brun foncé. cône au centre, composé de nombreuses petites fleurs individuelles comme le pissenlit, chacune parfaite et capable de produire des graines. La nature est parfois sournoise et bizarre, et dans ce cas, elle a transformé les fleurs individuelles en fleurons ligulés. Heureusement , certains amoureux des fleurs ont vu cette plante originale, car sans aucun doute le phénomène s'est produit dans une seule plante, et la transplanter dans son jardin a finalement donné au monde floral la lueur dorée désormais commune. Si personne ne l'avait remarquée , la plante aurait vécu son terme et serait morte à l'insu du monde, car elle ne produit aucune graine.

Le delphinium se présente sous diverses formes de fleurs, de couleurs et de formes, les tons de couleurs étant un mélange de bleus, de roses et de mauve, certains dans les plus belles combinaisons imaginables. Ils fleuriront tous la première année à partir de graines s'ils sont semés en février ou mars dans une serre ou un lit chaud, mais ne fleuriront pas tous en même temps, de sorte que pendant au moins une période d'un mois, de nouvelles fleurs s'ouvrent chaque jour . Le principal plaisir est dans l'attente. Vous cherchez et espérez toujours quelque chose de mieux, et vous l'obtenez généralement. Il est préférable, lorsqu'une plante ne produit pas de fleur à la hauteur, de la déterrer et de la jeter, mais celles qui sont bonnes doivent être marquées d'une manière ou d'une autre pour les identifier. Une étiquette placée à leurs côtés fera l'affaire, mais le meilleur moyen est de se procurer de petites étiquettes en feuille de plomb, portant des chiffres ou des lettres estampés. Attachez-la à des piquets métalliques de dix pouces de long et forcez-la près de la plante, en enregistrant son numéro dans votre « Livre de jardin » avec une description de la fleur. Cela vous permet, à tout moment de plantation (le printemps est le meilleur pour les delphiniums), de planter en groupes de bleu clair, de bleu foncé, etc. Vous pouvez parfois être indécis quant à savoir si vous considérez une plante assez bonne pour être conservée ou non. Dans ce cas, conservez-le, mais marquez-le comme « reste ». Certaines plantes réussissent mieux la deuxième saison. Ils peuvent être semés en extérieur en mai, mais ne fleuriront guère la même année.

COMBINAISONS DE PLANTES

De nombreuses combinaisons peuvent être utilisées, grâce auxquelles une certaine zone peut être amenée à produire une double récolte de floraison, et ainsi prolonger la saison de floraison dans cette zone. Les pivoines, plantées à deux pieds et demi à trois pieds l'une de l'autre, peuvent avoir le *Lilium superbe*, les variétés ultérieures de glaïeul ou *la Hyacinthe candicans*. planté entre eux; les deux derniers devraient être repris chaque automne car ils ne sont pas rustiques dans toutes les sections. Les lis devront être réinitialisés toutes les quelques années, à mesure qu'ils se déplacent dans leur nouvelle croissance et peuvent envahir les racines des pivoines. Celles-ci fleuriront au-dessus du feuillage des pivoines. L'automne est la meilleure période pour planter un lys.

L'étoile filante (*Dodecatheon media*) peut être plantée entre les plantes naines étalées de cette admirable campanule (*Campanula Carpatica*). Les fleurs en cloche peuvent être plantées à dix-huit pouces l'une de l'autre et, au printemps, lorsque les étoiles filantes sont levées et en fleurs, le feuillage de la campanule est à peine visible, mais pendant l'été, il occupe tout l'espace entre elles.

Il existe des combinaisons intéressantes de fleurs non seulement pour la succession des floraisons mais aussi pour la floraison simultanée, comme les cloches de Canterbury (*Campanula medium*) et la digitale (*Digitalis*)

Après la floraison, toute la partie aérienne de l'étoile filante devient brune, meurt et disparaît pour revenir au printemps prochain.

La jacinthe de Virginie (*Mertensia Virginiaca*) est une autre plante charmante du même port, et comme elle mérite d'être cultivée en groupe, la question se pose souvent de savoir où la placer pour que le sol nu qu'elle laisse derrière elle ne soit pas une plaie pour les yeux. Outre les colonies que j'ai établies dans mon ravin, où les sous-bois surplombants cachent plus tard son absence, je le cultive sous de grands buissons de forsythia. Les deux fleurissent en même temps et les boutons roses et les cloches bleues ouvertes du *Mertensia*, vus à travers la masse laineuse des cloches dorées du forsythia, forment un tableau charmant. Après la floraison, le forsythia cache le *Mertensia* dénudé avec son épais feuillage.

Certaines plantes vivaces - le cœur saignant et le pavot vivace - ont un feuillage irrégulier après la floraison et nécessitent de placer une grande plante touffue devant et autour d'elles pour cacher leur état défraîchi. Les plantes vivaces à forte croissance, les asters ou la bisannuelle *Rudbeckia triloba*, conviennent à cet effet.

Il arrive parfois qu'une haie basse de plantes vivaces ait fière allure, par exemple dans une petite cour où toutes les lignes sont formelles et où une allée droite mène de la porte à la maison. Une haie florale pourrait être placée de chaque côté de l'allée en créant des plates-bandes de dix-huit pouces à deux pieds de largeur et de profondeur. La meilleure plante vivace que je connaisse à cet effet est la plante à gaz (*Dictamnus fraxinella*), qui, une fois établie, reste une joie presque pour toujours. Certaines personnes profitent encore de la floraison des plantes plantées par leurs arrière-grands-mères. Cette plante met du temps à augmenter sa taille, mais une rangée plantée à douze pouces d'intervalle formera avec le temps une haie compacte avec un feuillage vert foncé et brillant, de plus de deux pieds de haut et aussi large. Les épis floraux sont portés bien au-dessus du feuillage, certains roses, profondément veinés d'une teinte plus foncée et d'autres blancs. Un mélange des couleurs est souhaitable. En raison de la lenteur de sa croissance, le lit paraîtra peu meublé pendant quelques années. On peut y remédier en faisant pousser de chaque côté de la rangée de plantes n'importe quel bulbe à floraison printanière, ou en recouvrant en été d'alyssum doux, en semant des graines dans le lit. N'importe quelle annuelle à croissance basse fera l'affaire, mais elle doit être à croissance basse sinon elle pourrait blesser la *Fraxinella* .

DÉSHERBAGE

Aussi paradoxal que cela puisse paraître, la mauvaise herbe est la meilleure amie de l'agriculteur car elle l'oblige à cultiver ses terres afin d'exterminer l'intrus. La culture maintient le sol ouvert à l'air et à l'humidité et préserve cette dernière. Il est donc préférable de passer légèrement la houe le lendemain d'une forte pluie ou d'un bon arrosage.

Le moment est venu de désherber avant de voir les mauvaises herbes, mais si elles apparaissent, ne les fuyez pas. Lorsqu'aucun n'est en vue, il y a de fortes chances qu'à l'examen microscopique, un duvet vert velouté soit découvert. Ce sont de minuscules semis de mauvaises herbes, mais pourtant légèrement enracinés et faciles à traiter par simple délogement. Une journée chaude et venteuse est un bon moment pour biner entre vos plantes, car le vent et le soleil tuent les mauvaises herbes déracinées en peu de temps. Ils sèchent et il n'y a que peu de choses à enlever. Par une journée nuageuse et humide, si un morceau dérangé, aussi petit soit-il, du chiendent pestiféré roule près de la base d'une plante et y reste, il enverra ses racines parmi celles de la plante, et il est presque impossible de l'obtenir. retirez-les sans arracher la plante.

LISTES DE VIVACES FIABLES

Il est inutile d'essayer de nommer et de décrire toutes les bonnes plantes vivaces que l'on peut cultiver, mais il y en a quelques-unes qui semblent bien se développer dans toutes les sections et il serait peut-être bon d'attirer l'attention sur certaines d'entre elles.

Anchusie Italica —Alknet italien

Il faudrait cultiver la variété Dropmore , ou éventuellement la variété Perry's, une nouvelle forme qui vient d'être introduite. Je n'aurais pas inclus cette plante dans la liste, car elle hiverne mal et il faudrait cultiver chaque année un stock de plants de plants et hiverner dans un châssis froid, si elle ne présentait pas une plante aussi aérée, à tête ouverte et recouverte de sa gentiane -fleurs bleues depuis longtemps. Un bon bleu est une couleur rare dans le jardin. Un groupe d'entre eux doit être planté à environ deux pieds et demi de distance et à l'arrière, à mesure qu'ils atteignent cinq à six pieds de hauteur.

Asters (rustiques)

Le soi-disant aster, cultivé par les fleuristes et dans les jardins en général, n'est pas un véritable aster, mais est connu botaniquement sous le nom de *Callistephus Chinensis* , introduit de Chine en 1731, et est une plante annuelle rustique. Je n'ai jamais pu découvrir pourquoi il a reçu le nom commun d'aster. Le véritable aster doit son nom à sa forme en étoile, et en Angleterre il est très prisé et est appelé Michaelmas Daisy, parce qu'il est en pleine floraison au moment de la fête de la Saint-Michel. Comme ils poussent à l'état sauvage presque partout aux États-Unis, ils ne sont pas tellement cultivés dans les jardins ici. Tous les bons catalogues répertorient un certain nombre de bonnes variétés parmi lesquelles choisir. Étant grands, ils doivent être plantés à l'arrière.

Aconit — Capuche de moine, fleur de casque

Cette plante, dont les racines sont toxiques, ne doit pas être cultivée là où les enfants sont susceptibles d'accéder à ses racines, et lors de la transplantation, il faut prendre soin de ne pas laisser traîner aucun de ses petits tubercules ressemblant à des betteraves, l'excédent étant brûlé. Ils poussent environ quatre pieds de haut et fleurissent à la fin de l'été. *A. automnale* et *A. Napellus* sont parmi les meilleurs.

Anémones – Fleur du vent

Anémone de Pennsylvanie est un indigène, poussant un peu plus d'un pied de hauteur, produisant à profusion des fleurs blanches assez grandes en juillet et août. D'aspect « boisé », il semble à l'aise dans les positions mi-ombragées, où il se porte bien, mais s'épanouira en plein soleil. Le roi de la tribu, cependant, est la variété japonaise *A. Japonica* , en particulier la variété *Alba* , avec de grandes fleurs voyantes d'un blanc pur, qui fleurissent tard à l'automne, souvent après le premier léger gel, et à une époque où tous d'autres sont partis. Pour cette raison , ils doivent être plantés là où ils peuvent être vus depuis une fenêtre de la maison, et ainsi être appréciés lorsqu'il fait trop froid pour être dehors. Si elles sont plantées à dix-huit pouces de distance, les cloches de Canterbury en tasse et en soucoupe peuvent être plantées entre elles et retirées une fois la floraison terminée. Les anémones n'ont pas besoin de place avant cela.

**L'une des étoiles les plus brillantes
du jardin à la fin de l'automne est
l'anémone du Japon.**

Arabis Alpina — Cresson de roche

Le cresson est une plante à fleurs blanches du début du printemps. Son port bas le rend adapté à la bordure. À l'automne, plante *Chionodoxa Luciliæ* entre eux. C'est un bulbe à floraison bleue, rustique, bon marché et en fleur en même temps que le cresson.

Aquilégie — Colombine

Ceux-ci ont été évoqués à propos de l'article sur les lits de réserve. L'ancolie des Rocheuses (*A. cærulea*), une forme bleu vif, est probablement la plus belle de la famille, mais elle dure rarement longtemps. L'ancolie dorée (*A. chrysantha*) semble être la plus robuste du groupe et dure plusieurs années. Il appartient à la classe longtemps stimulée, qui est toutes bonne.

Bocconia cordata — Pavot Plume

Le pavot à panache est une plante majestueuse, atteignant une hauteur de sept à huit pieds, portant en juillet et août des panicules terminales de fleurs blanc crème au grand feuillage glauque denté. Il a cependant un défaut ; il se propage rapidement et prend bientôt possession de tout le lit et doit donc se trouver dans un trou individuel qui lui est propre. Les plantations sont parfois réalisées dans de grands bacs sans fond, enfoncés dans le sol.

Campanule — Fleur en cloche

Presque tous les membres de cette famille, ainsi que les *Platycodons alliés* , sont bons. Ce sont, en règle générale, des cultivateurs élancés et dressés, mais *C. Carpatica* , déjà mentionné dans le texte, ne pousse que huit pouces de hauteur. L'espèce *macrantha persicifolia* , *rotundifolia* (Blue Bells of Scotland) et *Trachelium* , sont les plus fiables du groupe. La tasse et la soucoupe, ainsi que la cloche de cheminée, sont des bisannuelles, ne fleurissent qu'une seule fois et doivent être hivernées l'année précédente dans un châssis froid .

Centaurées - Têtes dures

Comme une position ouverte et ensoleillée. *C. macrocéphale* est le meilleur, portant des fleurs jaune doré ressemblant à du chardon.

Coréopsis

Les espèces *lanceolata* et *C. grandiflora* ont de riches fleurs dorées de forme agréable, splendides à couper. Ils poussent environ deux pieds de haut et fleurissent tout l'été s'ils ne sont pas autorisés à monter en graines, mais durent rarement au-delà de la troisième année.

Delphiniums

Ont déjà été discutés. Toutes les variétés nommées sont bonnes, en particulier Belladonna. Voir page 26.

Dictamnus – Usine à gaz

Décrit en détail à la page 32.

Digitale — Digitale

La forme habituellement cultivée est traitée comme une bisannuelle et, chez moi, elle doit être encadrée à froid la première année. *Ambigua* ou *grandiflora* est une plante vivace ayant de jolies fleurs jaune pâle et une plante à durée de vie relativement longue.

Échinops — Chardon globe

C'est une plante haute et intéressante avec un feuillage ressemblant un peu à celui d'un chardon. *E. Ritro* est le meilleur. Son capitule particulier consiste en une boule d'environ un pouce et demi de diamètre, d'où jaillissent, disposées en serre sur toute la boule, de minuscules fleurs d'un bleu métallique profond.

Éryngium — Houx de mer

Plante d'apparence quelque peu similaire à l' *Echinops* , mais plus petite dans toutes ses parties. *E. améthystine* est la meilleure, avec de petits capitules globulaires de couleur bleu améthystine, cette couleur s'étendant également assez loin jusqu'aux tiges florales.

Eupatorium — Thoroughwort

Deux formes sont sur le marché : *E. geratoides* , portant de nombreuses petites fleurs blanches à la fin de l'été, et *E. cœlestinum* , avec des fleurs bleu clair semblables à l'ageratum. Les deux sont bons.

Funkia — Lis plantain - Lis du jour à feuilles larges

Je considère *F. subcordata grandiflora* comme le meilleur de ce groupe. Avec le temps, une seule plante, si elle n'est pas serrée, formera un monticule de feuillage vert, ressemblant à un panier de boisseau inversé recouvert de larges feuillages superposés, au-dessus desquels, en août, fleurissent des fleurs de lys d'un blanc pur et au parfum sucré. Il résistera à la mi-ombre. S'ils sont plantés en groupes, ils doivent être espacés de deux pieds et demi à trois pieds. Des tulipes peuvent être plantées entre eux.

Gaillardia – Fleur de couverture

Les formes vivaces produisent des fleurs beaucoup plus belles que les annuelles. Toutes nos formes vivaces de jardin, y compris *la grandiflora* , sont des variétés de *G. aristata* et, étant originaires du Texas, ne sont pas toujours rustiques dans les États du Nord . — Voir page 4 du texte. C'est une plante plutôt tentaculaire, poussant naturellement à environ deux pieds de haut et difficile à tuteurer, mais qui peut être ancrée. Utilisez de longues épingles à cheveux communes. Il nécessite un emplacement ouvert, en plein soleil, et prospère mieux dans un sol sableux et bien drainé.

Gueum — benoîte

Une plante de bordure assez rustique, plutôt basse dans son feuillage, mais jetant ses tiges florales jusqu'à dix-huit pouces, fleurissant plus ou moins tout l'été. *G. coccineum* , aux fleurs écarlates, et *G. Hederichi* , sont tous deux bons.

Hespéris matronalis —Fusée

Une plante admirable à utiliser là où la plupart des autres plantes échoueraient. Il se plaît assez bien dans les endroits semi-ombragés, au pied des arbustes et entre eux dans les endroits dégagés. Les plantes poussent de trois à quatre pieds de haut, de forme touffue lorsqu'elles sont bien traitées, portant des fleurs rosâtres en juin et juillet. Il existe une forme blanche.

Hemerocalis - Hémérocalle jaune

Tous sont de bons cultivateurs forts avec un feuillage étroit ressemblant à un iris, produisant des fleurs dans des tons jaunes. *H. flava* , la forme au parfum sucré et à fleurs jaune citron foncé, est la meilleure et ne doit pas être confondue avec *H. fulva* , à fleurs plus grossières, l'hémérocalle fauve.

Hibiscus —Mauve

Toutes les mauves sont bonnes, de « l'œil pourpre » aux nouvelles merveilles de la mauve, moyennement tardives, dressées et rustiques. Les couleurs vont du blanc pur aux roses et rouges.

Inula ensifolia

Plante basse, très rustique, portant des fleurs jaunes ressemblant à des marguerites, présentant toujours un aspect soigné.

Roses trémières

En raison de la maladie de la rose trémière, une maladie du feuillage difficile à combattre, il est préférable de cultiver des plantes âgées d'un an, car elles sont moins touchées que les plus âgées. Les célibataires sont les plus charmants.

Iris—Fleur de lys

Il s'agit d'un grand groupe, depuis les iris bulbeux espagnols et anglais, qui fleurissent en juin puis meurent pour réapparaître la saison suivante, et peuvent donc être plantés dans des espaces ouverts entre d'autres plantes, jusqu'au magnifique iris japonais, *I. Kœmpferi* . Ce dernier est quelque peu inconstant et ne dure pas longtemps. Les meilleurs pour la plantation générale sont l'allemand, *la cristata* , *la pumilla* et *la Sibirica*. variétés. *Pallida Dalmatique* est extrêmement bien.

Le phlox rustique à croissance élevée est un pilier du jardin en août, septembre et octobre. Attention aux colorations magenta

Lysimachie clethroides — Lutte libre

Une excellente plante dans les sols humides.

Paeonia – Pivoine

Tout le monde devrait en avoir, y compris le *P. officinalis* rouge à floraison précoce et les plus tardifs. Essayez quelques pivoines arbustives— *P. Moutan* . Ils sont greffés sur la forme ordinaire, détruisez donc toutes les drageons qui viennent du dessous du syndicat.

Phlox

Le phlox rustique à croissance élevée devrait être présent dans tous les jardins. Elle est permanente si elle est reprise tous les trois ans et divisée. Les plantes « coupantes » robustes donnent les plus belles fleurs. Évitez les couleurs magenta. La nouvelle Elizabeth Campbell rose saumon va bien ; sur sols légers, bien drainés, les formes rampantes sont souhaitables.

Pyrèthre

Les hybrides de *P. roseum* ont de belles fleurs ressemblant à des marguerites, blanches et diverses nuances de rose, jusqu'au rouge, sous des formes simples et semi-doubles, mais elles vivent rarement longtemps. Un lit surélevé leur convient le mieux. *P. uliginosum* , la marguerite blanche géante, convient parfaitement aux situations humides.

Rudbeckie

Ce genre comprend le célèbre Golden Glow et *R. nitida* var. Soleil d'automne, atteignant cinq pieds de haut. Il porte de jolies fleurs jaune primevère. L'échinacée géante pourpre, souvent classée comme rudbeckia, est en réalité une *échinacée* , atteignant trois pieds ou plus de haut, portant des fleurs pourpres rougeâtres et est très attrayante en groupes bordant une ceinture de bois ou d'arbustes, présentant un aspect rustique et restant longtemps dans floraison.

Thalictrum —Rue des Prairies

La forme blanche de *T. aquilegifolium* est une très belle plante, qui se porte assez bien à l'ombre, fleurissant en masses duveteuses de blanc.

Véronique —Véronique

Tout cela est bon, mais *V. longifolia subsessilis* est de loin le plus beau des plus grands producteurs, atteignant une hauteur de trois pieds et portant de longs épis minces de fleurs d'un bleu profond.

CERTAINES DES MEILLEURES PLANTES POUR LES POSITIONS OMBRAGÉES

- *Aconit* — Capuche de moine
- *Actæa spicata* —Baneberry
- *Amsonia*
- *Anémone Pennsylvanica* — Fleur du vent
- *Convallaria* — Muguet
- *Dielytra* — Cœur saignant
- Fougères
- *Funkia* — Lys plantain
- Hepaticas—Feuille de foie
- *Thalictrum* —Rue des Prairies
- Trillium—Robin de Réveille
- *Mertensia Virginia* — Cloches bleues de Virginie

POUR SOLS SECS

- *Asclepias tuberosa* - Mauvaise herbe papillon
- *Aquilegia Canadensis* – Ancolie canadienne
- *Aquilegia alpina* - Ancolie alpine
- *Gypsophila paniculata* — Souffle de bébé
- *Gaillardia* – Fleur de couverture
- *Géranium sanguineum* — Facture de grue
- *Helianthus multiflorus* , fl. pl.—Tournesol mexicain double
- *Inula grandiflora* — fléau aux puces
- *Inula ensifolia*
- *Saxifraga crassifolia*
- Sedums – Orpin
- *Tunique saxifraga*

Hibiscus aux yeux pourpres ou
mauve des marais, fleurissant en
août et septembre

Les Gaillardias sont à leur meilleur sous forme vivace et prospèrent dans un sol sableux.

Campanula persicifolia , l'une des meilleures variétés de la famille des clochettes

POUR SOLS HUMIDES

- *Hibiscus Moscheutos* — Mauve des marais et toutes les mauves
- *Iris pseudacorus*
- " *Sibirica* - Iris de Sibérie
- " *lævigata* — Iris japonais
- " *prismatique*
- *Liliumsuperbum* – Lily à bonnet de Turc
- *Lobelia cardinalis* - Fleur cardinale
- *Monarda* —Bergamote—en variété, Rose
- *Lythrum Salicaria* — Lutte libre
- *Lysimachie clethroides* — Lutte libre
- *Polygonum cuspidatum* - Renouée géante
- *Spiræa* - forme herbacée naine en variété

ALPINES OU PLANTES ROCHEUSES

- *Achillea tomontosa* -Achillée millefeuille laineuse
- *Arabis albida* — Cresson de roche
- *Campanula Carpatica* — Campanule des Carpates
- *Coronilla varia* — Vesce couronnée
- *Geum coccineum* —Benoîte
- *Gypsophila repens* — Souffle de bébé
- *Inula ensifolia* – fléau des puces
- *Phlox amœna* , en variété-Phlox rampant
- *Sedum* , en variété—Orpin
- *Tunique saxifraga*
- *Veronica circæoides* —Véronique
- *Yucca filamentosa* —Aiguille d'Adam

www.ingramcontent.com/pod-product-compliance
Lightning Source LLC
LaVergne TN
LVHW040518200726
843493LV00017B/2818